交通安全知识系列手册

货运驾驶人篇

公安部交通管理局　编

人民交通出版社股份有限公司
China Communications Press Co.,Ltd.

内 容 提 要

本手册重点介绍了货运驾驶人安全文明行车常识、行车中容易引发事故的安全隐患排查方法以及紧急情况应急处置措施等 14 个知识点，每个知识点都配有典型事故案例和相关法规链接。书后附全国交通广播电台频率、国家高速公路网命名及编号示意图。

本手册可供道路货运驾驶人学习参考。

图书在版编目 (CIP) 数据

交通安全知识系列手册.货运驾驶人篇/公安部交通管理局编.—北京：人民交通出版社股份有限公司，2014.11

ISBN 978-7-114-11853-1

Ⅰ.①交… Ⅱ.①公… Ⅲ.①交通安全教育－普及读物 Ⅳ.① X951-49

中国版本图书馆 CIP 数据核字 (2014) 第 266173 号

Jiaotong Anquan Zhishi Xilie Shouce——Huoyun Jiashiren Pian

书　　　名：	**交通安全知识系列手册——货运驾驶人篇**
著 作 者：	公安部交通管理局
责任编辑：	何　亮　范　坤
出版发行：	人民交通出版社股份有限公司
地　　　址：	(100011) 北京市朝阳区安定门外外馆斜街 3 号
网　　　址：	http://www.ccpress.com.cn
销售电话：	(010)59757973
总 经 销：	人民交通出版社股份有限公司发行部
经　　　销：	各地新华书店
印　　　刷：	中国电影出版社印刷厂
开　　　本：	880×1230　1/32
印　　　张：	1.25
插　　　页：	1
字　　　数：	30 千
版　　　次：	2015 年 1 月　第 1 版
印　　　次：	2017 年 8 月　第 4 次印刷
书　　　号：	ISBN 978-7-114-11853-1
定　　　价：	9.50 元

(有印刷、装订质量问题的图书由本公司负责调换)

编写组
Bianxiezu

组　长：许甘露

副组长：刘　钊

成　员：张　明　刘　艳　范　立　何　亮

　　　　刘春雨　赵素波　袁　凯　赵伟敏

　　　　赵晓轩　马继飙　朱丽霞　李　君

　　　　范　坤

文明交通　安全出行

我们共同的期盼

　　近年来，随着经济社会的快速发展，我国机动车、驾驶人数量迅猛增长。截至目前，全国机动车保有量超过 2.6 亿辆，驾驶人突破 3 亿人，平均 5.2 人拥有 1 辆机动车，4.5 人中有 1 名驾驶人，仅仅十余年时间，我们就走完了发达国家半个多世纪的"汽车社会"发展历程。

　　在党中央国务院和各级党委政府的高度重视下，相关部门戮力同心，警民携手紧密合作，全社会积极参与共同努力，我国道路交通安全形势保持总体平稳态势。但是，由于人、车、路矛盾持续加大，城乡文明交通整体水平滞后于汽车时代发展要求，全国每年发生的严重交通违法行为数以亿计，交通陋习、安全隐患大量存在，因交通事故造成的死伤人数高达数十万，形势依然非常严峻。

　　为帮助广大交通参与者进一步增强法治交通和文明交通理念，提升交通安全意识与自我保护能力，推动形成人人自觉守法出行的社会风尚，减少交通违法行为以及由此引发的道路交通事故，公安部交通管理局组织专家，针对客运驾驶人、货运驾驶人、私家车驾驶人、自行车骑车人、少年儿童、城市新市民等参与道路交通的六类主要群体编写了《交通安全知识系列手册》。手册中的知识点和警示点是从道路交通管理工作中发现的突出问题以及许许多多惨痛的事故教训中总结提炼出来的，既辅以生动的图示，又佐以案例说明，相信这套手册对于传播交通安全知识、强化文明交通理念、保障人民群众出行平安将大有助益。

　　朋友们，良好的交通环境需要每一个人躬亲践行。衷心希望这套手册能为您出行提供专业、实用的建议，希望您将交通文明理念、交通安全知识传递给亲朋好友，大家共同树立法治观念、增强规则意识、养成文明习惯，推动中国汽车社会文明梦早日实现！

编写组

2015 年 1 月

目　录

货物装载守规定　超载运输惹灾祸

1. 杜绝货车超载

　　货车超载后，由于载货质量增大，惯性随之加大，制动距离延长，危险性增大。如果严重超载，轮胎负荷过重、变形过大，易引发爆胎、突然偏驶、制动失灵、翻车等事故。另外，超载还会影响车辆的转向性能，易因转向失控而导致事故。

事故案例

　　江西省一辆重型半挂牵引车，运载 37 吨（核载 31 吨）水泥由福建省龙岩市前往福清市。当行驶至厦蓉高速公路 112 公里加 600 米长陡下坡路段时，车辆制动失效，与前方同车道行驶的贵州省遵义市一辆大型卧铺客车追尾碰撞，导致客车失控越过路侧波形护栏侧翻，造成 11 人死亡、34 人受伤。

法规链接

公安部 2013 年 1 月 1 日起施行的《机动车驾驶证申领和使用规定》（公安部令第 123 号）规定，驾驶货车载物超过核定载质量 30% 以上的，一次记 6 分；超过核定载质量 30% 以下的，一次记 3 分。同时，第 123 号令还规定牵引车、大型货车在一个记分周期内有记满 12 分记录的，注销最高准驾车型驾驶资格，在 30 日内办理降级换证业务。

货物装载要牢固 掉落遗洒酿事故

2. 安全装载货物

　　装载物超出核定载质量、超出车厢栏板、捆绑不牢，不仅会导致货车重心过高或偏移，容易引发侧翻事故；而且超载的货物在运输途中可能掉落、遗洒在道路上，形成意外的危险源，严重威胁其他车辆的行驶安全。如果在高速公路上发生货物遗洒，极易引发交通事故，严重的会导致重特大交通事故。

事故案例

　　一辆从贵州省黔南州驶往广东省东莞市的大型普通客车，满载 51 人（其中 2 名儿童、2 名客车驾驶人），沿南北高速公路行驶。6 时 57 分，当客车途经南北高速公路 1122 公里加 550 米处时，驾驶人突然发现前方路面有遗洒的袋装麸皮，在采取避让措施过程中向左转向角度过大，导致客车与道路中央隔离护栏刮碰后向左侧翻，造成 12 人死亡、16 人受伤。

法规链接

《中华人民共和国道路交通安全法》第 48 条规定，机动车载物应当符合核定的载质量，严禁超载；载物的长、宽、高不得违反装载要求，不得遗洒、飘散载运物。

《中华人民共和国道路交通安全法实施条例》第 54 条规定，重型、中型载货汽车及半挂车载物，高度从地面起不得超过 4 米，载运集装箱的车辆不得超过 4.2 米，其他载货的机动车载物，高度从地面起不得超过 2.5 米。

各行其道遵法规　违法占道扰通行

3. 不得违法占道行驶

　　驾驶货车在低速车道高速行驶或在高速车道低速行驶，占用非机动车道或人行道行驶，在应急车道或路肩行驶，超车、转弯时占用对向车道，长时间骑轧分道线或道路中心虚线行驶等行为，不仅阻碍其他车辆正常行驶，而且严重扰乱道路通行秩序，直接影响道路的畅通和安全，容易造成拥堵，甚至引发交通事故。

事故案例

　　在包茂高速公路484公里加95米处，河南省孟州市一辆重型罐式半挂汽车列车违法越过入口匝道导流线驶入高速公路外侧车道，且低速行驶（行驶速度21公里/小时，明显低于高速公路最低车速60公里/小时的要求），被内蒙古自治区包头市一辆大型卧铺客车（驾驶人疲劳驾驶）追尾，重型罐式半挂汽车列车内甲醇泄漏并起火，造成大型卧铺客车内 36 人当场死亡、3 人受伤。

法规链接

《中华人民共和国道路交通安全法实施条例》第 78 条规定，高速公路应当标明车道的行驶速度，最高车速不得超过 120 公里 / 小时，最低车速不得低于 60 公里 / 小时。

高速公路上行驶的小型载客汽车最高车速不得超过 120 公里 / 小时，其他机动车不得超过 100 公里 / 小时，摩托车不得超过 80 公里 / 小时。

高速公路同方向有 2 条车道的，左侧车道的最低车速为 100 公里 / 小时；同方向有 3 条以上车道的，最左侧车道的最低车速为 110 公里 / 小时，中间车道的最低车速为 90 公里 / 小时。

《机动车驾驶证申领和使用规定》（公安部令第 123 号）规定，驾驶机动车在高速公路或者城市快速路上违法占用应急车道行驶的，一次记 6 分；在高速公路或者城市快速路上不按规定车道行驶的，一次记 3 分。

强行超车藏隐患　有序通行保畅通

4. 禁止违法超车

　　驾驶货车占用对向车道超车、骑轧分道线超车、高速强行超车、超车时与前车距离过近、超车后不给被超车辆留出安全距离便向右变道等行为，存在极大的安全隐患，会因车速快、间距小、操控稳定性下降等引发事故。尤其是超载行驶时紧急转向危险更大，会造成对方驾驶人无法安全避让，易导致剐蹭、倾翻、追尾等交通事故。

事故案例

　　一辆重型仓栅式载货汽车从北向南行驶至216省道87公里加816米路段时，因占用对向车道超车，与相对方向行驶的一辆小型普通客车正面碰撞，造成小型普通客车上6人当场死亡，2人经抢救无效死亡。

法规链接

　　《中华人民共和国道路交通安全法》第43条规定，同车道行驶的机动车，后车应当与前车保持足以采取紧急制动措施的安全距离。与对面来车有会车可能的或者道路没有超车条件时，不得超车。

　　《中华人民共和国道路交通安全法实施条例》第47条规定，机动车超车时，应当提前开启左转向灯，变换使用远、近光灯或者鸣喇叭。在没有道路中心线或者同方向只有1条机动车道的道路上，前车遇后车发出超车信号时，在条件许可的情况下，应当降低速度、靠右让路。后车应当在确认有充足的安全距离后，从前车的左侧超越，在与被超车辆拉开必要的安全距离后，开启右转向灯，驶回原车道。

疲劳驾驶极危险　车毁人亡一瞬间

5. 切忌疲劳驾驶

驾驶人睡眠时间不足、睡眠质量差或长时间连续行车后，容易引发疲劳驾驶。驾驶人疲劳时，会出现视线模糊、腰酸背痛、动作呆板、手脚发胀或精力不集中、反应迟钝、考虑不周全、精神恍惚、瞬间记忆消失等现象。驾驶人进入重度疲劳阶段时，往往会下意识操作或出现短时间睡眠现象，如果仍勉强驾驶车辆，极易导致交通事故。

事故案例

河南省周口市一辆重型半挂汽车列车，沿沪昆高速公路由西向东行驶。行至沪昆高速公路湖南省怀新段1431公里加700米处时，因驾驶人过度疲劳，车辆失控冲破中央隔离护栏，与对向车道行驶的一辆河北省石家庄市大型旅游客车正面相撞，造成13人死亡、41人受伤。经调查，驾驶人至事发时已累计驾驶12小时，期间仅休息1小时，事发时已处于严重疲劳状态，甚至在撞毁护栏后仍处于瞌睡状态。

法规链接

《中华人民共和国道路交通安全法》第22条规定，饮酒、服用国家管制的精神药品或者麻醉药品，或者患有妨碍安全驾驶机动车的疾病，或者过度疲劳影响安全驾驶的，不得驾驶机动车。

《中华人民共和国道路交通安全法实施条例》第62条规定，驾驶人不得有连续驾驶机动车超过4小时未停车休息或者停车休息时间少于20分钟的行为。

《机动车驾驶证申领和使用规定》（公安部令第123号）规定，连续驾驶危险物品运输车辆超过4小时未停车休息或者停车休息时间少于20分钟的，一次记12分。连续驾驶危险物品运输车辆以外的机动车超过4小时未停车休息或者停车休息时间少于20分钟的，一次记6分。

违法超速危害大　安全车速无险情

6. 严禁超速行驶

违法超速行车，已成为道路交通事故的"罪魁祸首"，是道路交通安全的"第一杀手"。超速行车时，驾驶人注视点前移，视野狭窄，清晰度不良，辨认能力下降。尤其是长时间超速驾驶，驾驶人精神高度集中，容易引发疲劳与心理恐慌，出现操作失误，一旦遇到险情，往往反应不及时，或紧急制动酿成甩尾、碰撞或侧翻等事故。超速行驶的车速越快，可能发生的险情越多，停车距离越长，事故的后果越严重。

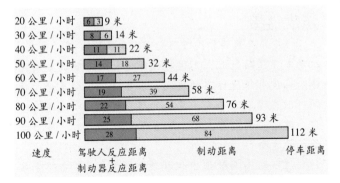

速度	驾驶人反应距离 + 制动器反应距离	制动距离	停车距离
20 公里/小时	6 3		9 米
30 公里/小时	8 6		14 米
40 公里/小时	11	11	22 米
50 公里/小时	14	18	32 米
60 公里/小时	17	27	44 米
70 公里/小时	19	39	58 米
80 公里/小时	22	54	76 米
90 公里/小时	25	68	93 米
100 公里/小时	28	84	112 米

上图为驾驶人在正常状态下，驾驶车辆以不同速度行驶时，在干燥路面上紧急制动的停车距离。车速超过 60 公里/小时，紧急制动容易导致侧滑或甩尾等危险情况。

事故案例

　　甘肃省平凉市一辆重型半挂牵引车，沿国道312线由东向西行驶至六盘山路段1865公里加100米下坡路段右转弯时，因超速行驶、转弯时占用对向车道，与对向行驶的一辆甘肃省大型客车相撞，导致大型客车失控，冲出防护栏，翻下路侧120米深的山沟，9人当场死亡，2人经抢救无效死亡，6人不同程度受伤。

法规链接

　　《中华人民共和国道路交通安全法》第42条规定，机动车上道路行驶，不得超过限速标志标明的最高时速。在没有限速标志的路段，应当保持安全车速。夜间行驶或者在容易发生危险的路段行驶，以及遇有沙尘、冰雹、雨、雪、雾、结冰等气象条件时，应当降低行驶速度。

　　《机动车驾驶证申领和使用规定》（公安部令第123号）规定，驾驶机动车行驶超过规定时速50%以上的，一次记12分；超过规定时速20%以上未达到50%的，一次记6分；超过规定时速未达20%的，一次记3分。

遵守规定靠右行　逆向行驶惹祸端

7.切勿逆向行驶

　　驾驶机动车逆向行驶是一种严重的交通违法行为。驾驶机动车占用对向车道超车、转弯，为图方便，在路口、医院、学校、加油站、小区等附近逆向行驶，在高速公路上因迷失方向或错过出口逆向行驶，不但严重干扰正常交通秩序，影响道路通行能力，还极易引发重特大道路交通事故。

事故案例

　　吉林省洮南市一辆重型半挂牵引车，装载 57.32 吨（核载 33 吨）钢材，由辽宁省鞍山市台安县驶往内蒙古自治区兴安盟，行至长深高速公路辽宁省阜新市彰

13

武服务区，在服务区内掉头后又从服务区入口逆向驶入长深高速公路，行至 306 公里加 200 米处，与正常行驶的一辆大型卧铺客车（核载 35 人，实载 54 人，含 1 名婴儿）正面相撞后起火，造成 33 人死亡、24 人受伤。

法规链接

《中华人民共和国道路交通安全法》第 35 条规定，机动车、非机动车实行右侧通行。

《中华人民共和国道路交通安全法实施条例》第 82 条规定，机动车在高速公路上行驶，不得倒车、逆行、穿越中央分隔带掉头或在车道内停车。

《中华人民共和国道路交通安全法》第 90 条规定，机动车驾驶人违反道路交通安全法律、法规关于道路通行规定的，处警告或者 20 元以上 200 元以下罚款。

《机动车驾驶证申领和使用规定》（公安部令第 123 号）规定，驾驶机动车逆向行驶的，一次记 3 分；在高速公路上倒车、逆行的，一次记 12 分。

下坡制动要科学　避险车道能救命

8. 下长坡要合理使用 行车制动器

　　大型货车的行车制动器（俗称"脚刹"）是通过摩擦达到制动效果的，持续长时间制动，会使摩擦材料温度升高、制动效果迅速下降，甚至造成制动失效。因此，驾驶大型货车连续下长坡时，要用挡位控制速度，合理使用行车制动器，严禁空挡滑行，否则会导致制动失效。一旦车辆制动失效或行驶失控时，可驶入铺满沙石的紧急避险车道，依靠坡道、沙石与车胎的摩擦力安全减速停车。

事故案例

　　吉林省桦甸市一辆重型货车，载运 37.62 立方米木板材（核载 31 吨）由吉林省白山市抚松县驶往山东省东营市，当车辆行驶至抚松县境内 201 国道 889 公里加 200 米处，因连续下坡导致制动失效、遇险情采取安全避让措施不当，与前方同向行驶的一辆大型客车（核载 34 人，实载 45 人）追尾相撞，大型客车被撞后翻坠入道路右侧的万良河内，重型货车撞大型客车后侧翻，并沿行驶方向向前横滑 100 米，重型货车上所载板材大部分散落在万良河道内，造成 21 人死亡、25 人受伤。

连续下坡
制动失效

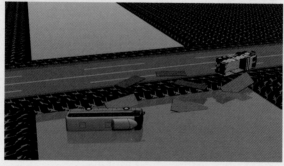

会车间距要足够　抢行占道易剐碰

9. 会车要保持安全距离

　　违法会车是非常危险的驾驶行为。在路口会车时加速抢行，占用对向车道、骑轧道路中心实线会车，会造成横向间距过小，极易发生剐碰事故。尤其在夜间会车时如果不关闭远光灯，对方车辆驾驶人会因强烈灯光照射而炫目，无法看清前方道路情况，极易导致操作错误，引发车辆相互碰撞或车辆碰撞行人、非机动车事故。因此，会车时，要与机动车、非机动车和行人保持足够的横向安全间距。

事故案例

　　河南省周口市一辆非法改装且制动系统有严重问题的重型仓栅式货车，由东向西行驶至河南省信阳市光山县境内 312 国道 892 公里加 260 米处时，越过道路中心黄实线，与对向正常行驶的大型普通客车（核

载 23 人，实载 23 人）左侧相撞，并沿撞击方向将客车推移 18 米至路外稻田中，造成 11 人死亡、12 人受伤。

法规链接

《中华人民共和国道路交通安全法实施条例》第 48 条规定，在没有中心隔离设施或者没有中心线的道路上，机动车遇相对方向来车时应当遵守下列规定：

（1）减速靠右行驶，并与其他车辆、行人保持必要的安全距离。

（2）在有障碍的路段，无障碍的一方先行；但有障碍的一方已驶入障碍路段而无障碍的一方未驶入时，有障碍的一方先行。

（3）在狭窄的坡路，上坡的一方先行；但下坡的一方已行至中途而上坡的一方未上坡时，下坡的一方先行。

（4）在狭窄的山路，不靠山体的一方先行。

（5）夜间会车应当在距相对方向来车 150 米以外改用近光灯，在窄路、窄桥与非机动车会车时应当使用近光灯。

《机动车驾驶证申领和使用规定》（公安部令第 123 号）规定，驾驶机动车不按规定会车，一次记 1 分；不按规定使用灯光，一次 1 分。

路口遵守信号灯　擅闯红灯生命悬

10. 交叉路口严禁闯红灯

　　驾驶人驾驶车辆在交叉路口不按照交通信号灯通行，闯红灯或在黄灯亮时抢行，不仅破坏了交叉路口的通行秩序，使路口交通阻滞，而且容易与其他车辆、非机动车和行人剐蹭，甚至引发重大交通事故，严重威胁自己和他人的生命财产安全。

事故案例

　　一辆重型自卸货车沿 G324 线由福建省福州市驶往泉州市，行至 324 国道 167 公里加 150 米惠安大红埔红绿灯路段时，因闯红灯与二轮摩托车（车上有 3 人）

发生碰撞，造成1人当场死亡、2人经抢救无效死亡。

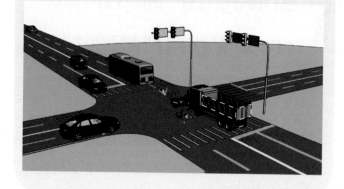

法规链接

　　《中华人民共和国道路交通安全法》第44条规定，机动车通过交叉路口，应当按照交通信号灯、交通标志、交通标线或者交通警察的指挥通过。

　　《机动车驾驶证申领和使用规定》（公安部令第123号）规定，驾驶机动车违反道路交通信号灯通行的，一次记6分；行经交叉路口不按规定行车或者停车的，一次记2分。

 驾车上路牌证全　无牌无证不上路

11. 不驾无牌无证车辆上路

　　驾驶无牌无证车辆上路是一种严重违法行为。无牌无证车辆未经公安机关检测，安全性能差，技术条件不符合有关规定，很多可能是机件严重破损的报废车辆，极易引发交通事故。个别驾驶人驾驶无号牌车辆，在交警不在场的情况下肆意闯红灯、违法占道、超速或超载行驶，严重影响道路通行安全。

无号牌

事故案例

　　云南省丽江市宁蒗县一辆无证无牌的低速载货汽车，违法承载24人（含1名婴儿），由华坪县驶往宁蒗县，行至华坪县永兴乡境内内思—马线18公里加715米上陡坡路段处，因驾驶人操作不当，车辆熄火后溜离公路翻下山崖，造成 14 人死亡、4 人受伤。

法规链接

《中华人民共和国道路交通安全法》第 11 条规定，驾驶机动车上道路行驶，应当悬挂机动车号牌，放置检验合格标志、保险标志，并随车携带机动车行驶证。

《中华人民共和国道路交通安全法》第 95 条规定，上道路行驶后机动车未悬挂机动车号牌的，公安机关交通管理部门扣留机动车，并按照有关规定对违法当事人进行处罚。

《机动车驾驶证申领和使用规定》（公安部令第 123 号）规定，上道路行驶的机动车未悬挂机动车号牌的，一次记 12 分。

违法拼装存隐患　私改车辆酿祸端

12. 严禁非法拼（改）装车辆

　　拼装机动车是国家明令禁止的一种非法生产汽车的行为，改装车辆多以提高车速或者超载为目的，拼（改）装后的车辆大都存在质量差、装配技术不达标、不符合安全检验及运行技术标准等问题，有的甚至连最基本的车辆安全性能都难以保障，其传动系、制动系和转向系等零件的性能存在严重的安全隐患，无法保障使用安全，危险性很大，极易引发交通事故。

事故案例

　　四川省达州市一辆私自改装的货厢、桥距、钢板存在安全隐患的重型自卸货车（核载 15.67 吨，实载 46.8 吨），行至渠县境内县道渠汇路 11 公里与望石路 54 公里加 60 米交叉路口处，在左转弯过程中因严重超载、重心升高、长下坡制动效能降低，导致车辆失控，向右侧翻，将右侧正常行驶的大型普通客车（核载 24 人，实载 27 人）挤撞翻坠至 5.4 米高的桥下河沟内，货车侧翻在桥面上，所载货物约 4/5 倾泻于桥下，将客车中后部掩埋，造成 21 人死亡、7 人受伤。

法规链接

《中华人民共和国道路交通安全法》第 16 条规定，任何单位或者个人不得有下列行为：

（1）拼装机动车或者擅自改变机动车已登记的结构、构造或者特征。

（2）改变机动车型号、发动机号、车架号或者车辆识别代号。

（3）伪造、变造或者使用伪造、变造的机动车登记证书、号牌、行驶证、检验合格标志、保险标志。

（4）使用其他机动车的登记证书、号牌、行驶证、检验合格标志、保险标志。

《中华人民共和国道路交通安全法实施条例》第 100 条规定，驾驶拼装的机动车或者已达报废标准的机动车上道路行驶的，公安机关交通管理部门应当予以收缴，强制报废。

对驾驶前款所列机动车上道路行驶的驾驶人，处 200 元以上 2000 元以下罚款，并吊销机动车驾驶证。

车辆号牌要清晰　遮挡号牌是违法

13. 不得故意遮挡号牌

　　驾驶人故意遮挡机动车号牌相当于无牌行驶，是一种严重的违法行为。遮挡号牌后，驾驶人对超速、闯红灯、轧线、逆行等交通违法行为有恃无恐，极易发生撞车、撞人等恶性交通事故。

事故案例

　　河南省永城市一辆货车由亳州前往安徽省淮北市拉石料，因311国道修路，车辆绕行到城区，为躲避城区电子监控摄录其违法行为，驾驶人用毛巾故意遮挡了前后号牌。2时30分，当车辆行至东城区芒砀路与欧亚路交叉口时，将一辆摩托车骑车人当场撞死后逃逸。警察几经周折将驾驶人抓获，并依法将其刑事拘留。

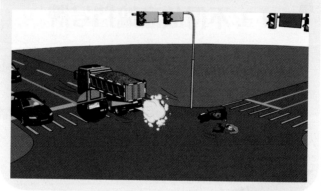

法规链接

《中华人民共和国道路交通安全法》第 11 条规定，机动车号牌应当按照规定悬挂并保持清晰、完整，不得故意遮挡、污损。第 13 条规定，重型、中型载货汽车及其挂车的车身或者车厢后部应当喷涂放大的牌号，字样应当端正并保持清晰。

《机动车驾驶证申领和使用规定》（公安部令第 123 号）规定，上道路行驶的机动车未悬挂机动车号牌的，或者故意遮挡、污损、不按规定安装机动车号牌的，一次记 12 分。

报废车辆应注销　违法驾驶祸事多

14. 不驾驶报废车和带病车

　　报废车和带病车一般都存在严重的安全问题，技术状况差，使用效率与安全性能都极低。如果驾驶报废或带病的机动车上路行驶，不仅无法保证行车安全，还会造成环境污染等后果，给交通安全埋下隐患。驾驶转向、制动、灯光、喇叭、刮水器等有故障的车辆，容易发生车辆行驶方向失控、跑偏、侧滑或碰撞等事故。

事故案例

　　江西省抚州市一辆安全技术条件不符合要求、制动系统有严重问题（加大车辆轮胎、拆除牵引车两前轮制动装置、半轴油封漏油、左侧制动摩擦片缺失、制动毂破裂）的重型半挂牵引车，装载近30吨货物，驾驶室乘载6人（核载3人）、货车厢搭载21人，行驶至南丰县境内209省道33公里加190米长下坡右转弯路段时，因超载、速度过快、频繁制动，导致制动失效，失控侧翻滑移约 40 米后，车头冲至左侧路外土堆，造成 16 人死亡、10 人受伤。

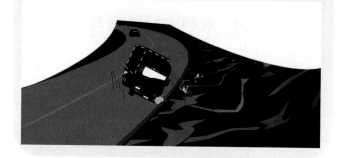

法规链接

《中华人民共和国道路交通安全法》第 14 条规定，达到报废标准的机动车不得上道路行驶。报废的大型客、货车及其他营运车辆应当在公安机关交通管理部门的监督下解体。第 21 条规定，驾驶人驾驶机动车上道路行驶前，应当对机动车的安全技术性能进行认真检查；不得驾驶安全设施不全或者机件不符合技术标准等具有安全隐患的机动车。第 50 条规定，禁止货运机动车载客。货运机动车需要附载作业人员的，应当设置保护作业人员的安全措施。第 100 条规定，驾驶已达到报废标准的机动车上道路行驶的，公安机关交通管理部门应当予以收缴，强制报废。对驾驶人，处 200 元以上 2000 元以下罚款，并吊销机动车驾驶证。

《机动车驾驶证申领和使用规定》（公安部令第 123 号）规定，驾驶货车违反规定载客的，一次记 6 分；上道路行驶的机动车未按规定定期进行安全技术检验的，一次记 3 分。

附录1 全国交通广播电台频率

北京:FM103.9

天津:FM106.8

河北:FM99.2

石家庄:FM94.6

秦皇岛:FM100.4

保定:FM104.8

邯郸:FM106.8

唐山:FM96.8

邢台:FM92.8

山西:FM88.0

太原:FM107.0

大同:FM99.6

临汾:FM88.9

长治:FM94.9

内蒙古:FM105.6

呼和浩特:FM107.4

赤峰:FM101.8

包头:FM89.2

鄂尔多斯:FM100.8

乌兰察布:FM99.9

辽宁:FM97.5

沈阳:FM98.6

大连:FM100.8

盘锦:FM90.1

鞍山:FM99.5

葫芦岛:FM87.8

丹东:FM101.7

抚顺:FM106.1

吉林:FM103.8

长春:FM96.8

吉林:FM105.3

松原:FM100.0

延边:FM105.9

黑龙江:FM99.8

哈尔滨:FM92.5

齐齐哈尔:FM94.1

大庆:FM95.0

上海:FM105.7

江苏:FM101.1

南京:FM102.4

镇江 :FM88.8

无锡 :FM106.9

常州 :FM90.0

苏州 :FM104.8

南通 :FM92.9

扬州 :FM103.5

连云港 :FM102.1

盐城 :FM105.3

泰州 :FM92.1

江阴 :FM90.7

淮安 :FM94.9

浙江 :FM93.0

杭州 :FM91.8

宁波 :FM93.9

嘉兴 :FM92.2

舟山 :FM97.0

金华 :FM94.2

台州 :FM102.7

温州 :FM103.9

安徽 :FM90.8

合肥 :FM102.6

马鞍山 :FM92.8

芜湖 :FM96.3

黄山 :FM100.4

淮南 :FM97.9

六安 :FM96.4

福建 :FM100.7

福州 :FM87.6

厦门 :FM107.0

泉州 :FM90.4

江西 :FM105.4

南昌 :FM95.1

鹰潭 :FM95.6

上饶 :FM96.6

新余 :FM96.2

吉安 :FM100.6

赣州 :FM99.2

瓷都 :FM106.2

萍乡 :FM99.3

河南 :FM104.1

郑州 :FM91.2

商丘 :FM94.5

洛阳 :FM92.7

安阳 :FM89.0

山东 :FM101.1

济南 :FM103.1

德州 :FM94.1

淄博 :FM100.0

菏泽 :FM94.8	广西 :FM100.3
东营 :FM88.1	南宁 :FM107.4
滨州 :FM93.1	海南 :FM100.0
青岛 :FM89.7	重庆 :FM95.5
潍坊 :FM95.9	四川 :FM101.7
烟台 :FM103.0	成都 :FM91.4
湖北 :FM107.8	泸州 :FM104.6
武汉 :FM89.6	广安 :FM101.2
宜昌 :FM105.9	贵州 :FM95.2
黄冈 :FM107.6	贵阳 :FM102.7
楚天 :FM92.7	黔南 :FM93.3
荆州 :FM96.3	铜仁 :FM90.7
十堰 :FM101.9	云南 :FM91.8
襄阳 :FM89.0	陕西 :FM91.6
湖南 :FM91.8	西安 :FM104.3
长沙 :FM106.1	渭南 :FM90.9
岳阳 :FM104.1	甘肃 :FM103.5
常德 :FM97.1	兰州 :FM99.5
湘潭 :FM104.2	青海 :FM97.2
株洲 :FM98.4	宁夏 :FM98.4
广东 :FM105.2	银川 :FM100.6
广州 :FM106.1	石嘴山 :FM95.4
深圳 :FM106.2	新疆 :FM94.9
珠海 :FM87.5	乌鲁木齐 :FM97.4

附录2 国家高速公路网命名及编号示意图

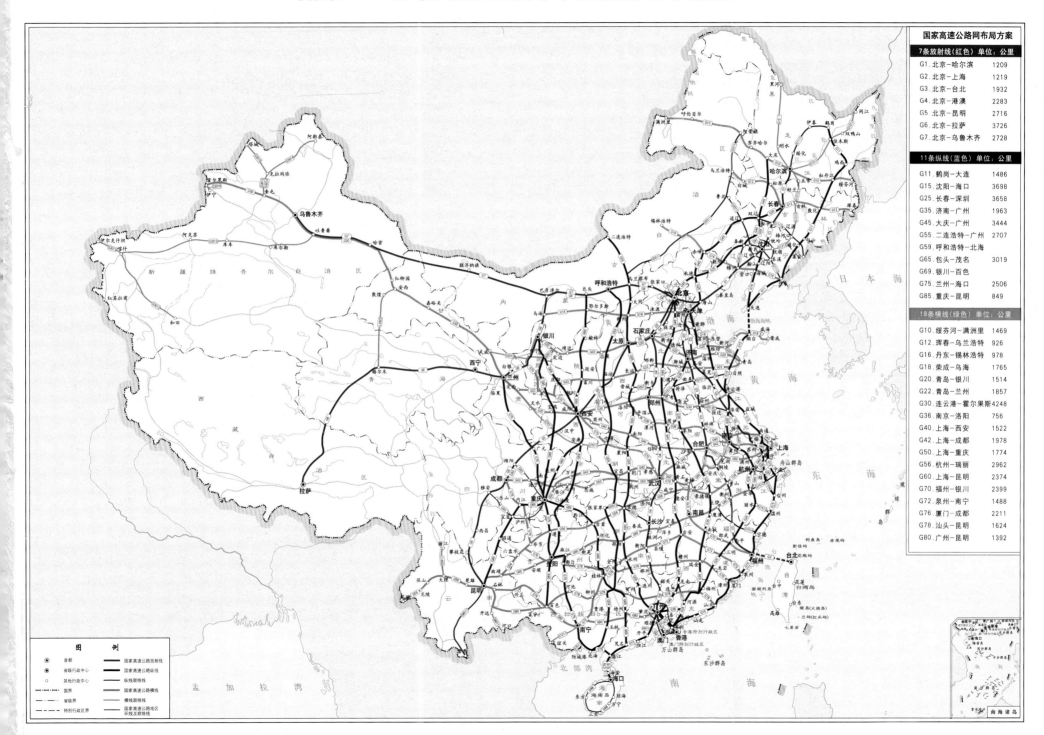

国家高速公路网布局方案

7条放射线（红色） 单位：公里

G1.	北京－哈尔滨	1209
G2.	北京－上海	1219
G3.	北京－台北	1932
G4.	北京－港澳	2283
G5.	北京－昆明	2716
G6.	北京－拉萨	3726
G7.	北京－乌鲁木齐	2728

11条纵线（蓝色） 单位：公里

G11.	鹤岗－大连	1486
G15.	沈阳－海口	3698
G25.	长春－深圳	3658
G35.	济南－广州	1963
G45.	大庆－广州	3444
G55.	二连浩特－广州	2707
G59.	呼和浩特－北海	
G65.	包头－茂名	3019
G69.	银川－百色	
G75.	兰州－海口	2506
G85.	重庆－昆明	849

18条横线（绿色） 单位：公里

G10.	绥芬河－满洲里	1469
G12.	珲春－乌兰浩特	926
G16.	丹东－锡林浩特	978
G18.	荣成－乌海	1765
G20.	青岛－银川	1514
G22.	青岛－兰州	1857
G30.	连云港－霍尔果斯	4248
G36.	南京－洛阳	756
G40.	上海－西安	1522
G42.	上海－成都	1978
G50.	上海－重庆	1774
G56.	杭州－瑞丽	2962
G60.	上海－昆明	2374
G70.	福州－银川	2399
G72.	泉州－南宁	1488
G76.	厦门－成都	2211
G78.	汕头－昆明	1624
G80.	广州－昆明	1392

图 例

- 首都
- 省级行政中心
- 其他行政中心
- 国界
- 省级界
- 特别行政区界
- 国家高速公路放射线
- 国家高速公路纵线
- 国家高速公路横线
- 纵线联络线
- 横线联络线
- 国家高速公路地区环线及联络线